LEVEL 2

사이언스 리더스

판다의 하루

앤 슈라이버 지음 | 김아림 옮김

비룡소

앤 슈라이버 지음 | 초등학교 교사로 일하다가 어린이 콘텐츠 기획자이자 작가로 20년 넘게 활동하고 있다. 「신기한 스쿨버스」 시리즈를 TV 애니메이션으로 개발하였고, 그 밖에 다수의 어린이 콘텐츠 개발에 참여하였다.

김아림 옮김 | 서울대학교에서 공부하고 같은 대학원 과학사 및 과학철학 협동 과정에서 석사 학위를 받았다. 출판사에서 과학책을 만들다가 지금은 책 기획과 번역을 하고 있다.

이 책은 스워스모어 대학의 중국어과 조교수 커스틴 스피델이 감수하였습니다.

내셔널지오그래픽 키즈 사이언스 리더스
LEVEL 2 판다의 하루

1판 1쇄 찍음 2024년 12월 20일 1판 1쇄 펴냄 2025년 1월 15일
지은이 앤 슈라이버 옮긴이 김아림 펴낸이 박상희 편집장 전지선 편집 임현희 디자인 신현수
펴낸곳 (주)비룡소 출판등록 1994.3.17.(제16-849호) 주소 06027 서울시 강남구 도산대로1길 62 강남출판문화센터 4층
전화 02)515-2000 팩스 02)515-2007 홈페이지 www.bir.co.kr 제품명 어린이용 반양장 도서 제조자명 (주)비룡소
제조국명 대한민국 사용연령 3세 이상 ISBN 978-89-491-6911-8 74400 / ISBN 978-89-491-6900-2 74400 (세트)

사진 저작권 Cover, 6, 13, 18 (left), 19 (right), 28-29 (all), 32 (middle, right): © Lisa & Mike Husar/Team Husar Wildlife Photography; 1, 22: © Katherine Feng/Minden Pictures/National Geographic Stock; 2, 32 (top, right): © WILDLIFE GmbH/Alamy; 5: © Keren Su/China Span/Alamy; 6 (inset): © James Hager/Robert Harding World Imagery/Getty Images; 8-9, 32 (top, left): © DLILLC/Corbis; 10-11: © Eric Isselee/Shutterstock; 14: © age fotostock/Super Stock; 16, 24-25: © Katherine Feng/Globio/Minden Pictures/National Geographic Stock; 17, 18-19: © Katherine Feng/Minden Pictures; 21: © Kent Akgungor/Shutterstock; 22-23 (inset): © Carl Mehler/National Geographic Society, Maps Division; 26, 32 (bottom, right): © China Foto Press/Getty Images; 30-31 (all): © Dan Sipple; 32: (middle, left): © Kitch Bain/Shutterstock.

이 책의 차례

판다야, 안녕!

저기, 나무 위를 봐!

고양이일까? 너구리일까?

아니야, 저건 **대왕판다**야!

보통 줄여서 판다라고 부르지.

판다는 아주 높은 산에서 살아.

산속의 아주아주 높은 나무 위로 솜씨

좋게 올라갈 수도 있지. 그리고 매일

몇 시간씩 대나무를 우적우적 먹어.

고양이를 닮은 곰이라고?

대왕판다 ────●

흑곰

판다는 흑곰과 친척이야. 덩치는 비슷하지만 판다의 머리가 더 크고 둥글지. 또 판다는 흑곰과 달리 겨울잠을 자지 않아.

판다는 곰의 한 종류야. 그런데 생김새가 고양이나 너구리를 많이 닮았어. 그래서 중국에서는 판다를 '다슝마오'라고 불러. '커다란 곰 고양이'라는 뜻이래.

다른 곰들처럼 판다도 힘이 세. 이빨도 날카롭고 냄새도 아주 잘 맡지. 게다가 무척 영리하단다! 보통 수컷 판다의 몸무게는 110킬로그램, 몸길이는 120~180센티미터 정도야. 암컷은 수컷보다 몸집이 작은 편이지.

판다는 나무 타기 선수야.
가끔 나무 꼭대기에서
쿨쿨 잠을 자기도 해.

판다 용어 풀이
서식지: 동물이나
식물이 살아가는
보금자리.

수백만 년 동안 판다는 중국의 높은 산 숲속에서 살아왔어. 판다가 사는 숲은 춥고 비가 많이 내려. 그리고 판다가 좋아하는 대나무가 엄청 많지.

옛날에는 판다의 **서식지**가 다양했어. 하지만 이제 야생 판다는 중국에 있는 몇몇 숲에서만 살아. 대나무가 자라는 땅이 점점 줄어들었기 때문이야.

어떻게 생겼을까?

판다는 몸에 검은색과 흰색 털이 나 있어. 바위가 많고 눈으로 덮인 숲에 있으면 색이 비슷해서 적의 눈에 잘 띄지 않아.

온몸에 난 복슬복슬하고 기름기가 있는 털이 춥고 축축한 숲에서도 추위를 막아 줘.

발바닥에 난 폭신폭신한 털 덕분에 눈 위를 걸을 때에도 춥지 않아!

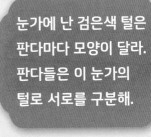

눈가에 난 검은색 털은
판다마다 모양이 달라.
판다들은 이 눈가의
털로 서로를 구분해.

주로 밤에 활동하는
판다는 깜깜한 밤에도
잘 볼 수 있어.

이빨이 크고 턱 힘이
세서 질긴 대나무 줄기도
꼭꼭 잘 씹어 먹어.

대나무가 제일 맛있어!

판다는 하루 종일 잠을 자거나 먹으면서
시간을 보내. 깨어 있는 동안에는 계속 먹지.
판다는 무지무지 많이 먹거든!

판다는 무엇을 먹고 살까? 바로 대나무야.
놀라지 마. 판다는 아침에도, 점심에도,
저녁에도 대나무를 먹어. 간식도 당연히
대나무지. 판다는 거의 대나무만 먹고 살아.

판다는 매일 15~20킬로그램 정도의 대나무를 먹어. 야생 판다가 이만큼의 대나무를 전부 찾아서 먹으려면 하루에 10~16시간이나 걸린대!

판다들의 대화법

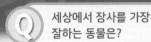

다 자란 판다는 주로 혼자 지내. 하지만 가끔
다른 판다들과 어울리기도 하지.

판다는 약 열 가지의 소리를 내서 다른
판다와 **의사소통**해. 또 바위나 나무에
자기만의 냄새를 남겨서 다른 판다들이 알 수
있도록 **영역 표시**를 하지.

판다 용어 풀이

의사소통: 가지고
있는 생각이 서로
통하는 것.

영역 표시: 동물이
몸 냄새로 흔적을
남겨서 자기 힘이
미치는 공간을
알리는 것.

귀여운 새끼 판다!

어미 판다는 대개 7월에서 9월 사이에 새끼를 낳아. 보통 한두 마리, 많게는 세 마리까지 낳지. 갓 태어난 새끼 판다는 어른의 한 손에 쏙 들어올 만큼 정말 작아.

새끼 판다는 털이 거의 없어서 온몸이 분홍빛을 띠어. 앞을 보지도 못해. 태어나서 6주가 지나야 **시력**이 생기거든. 새끼 판다는 매일매일 어미 품에서 젖을 먹거나 낑낑대며 시간을 보내.

판다 용어 풀이
시력: 눈으로 물체를
보는 능력.

태어난 지 10일 정도가 되면 새끼 판다의
눈 주변과 귀, 다리에 까만 털이 자라기 시작해.

새끼 판다는 태어나서 2년
동안 어미와 함께 지내.

1.

어미는 새끼 판다가 태어나고
몇 주 뒤부터 새끼를 두고
하루에 서너 시간씩 대나무를
찾으러 다녀. 이때쯤이면
새끼가 혼자서도 체온을 유지할
수 있거든.

2.

6주가 지나면 새끼 판다가
앞을 볼 수 있게 돼! 하지만
혼자서 걸어 다니려면
두 달은 더 기다려야 하지.

Q 새끼 판다는 하루에 몇 끼를 먹을까? A 하루 (배고프면 언제나!)

3.

태어난 지 6개월이 되면 새끼 판다는 스스로 대나무를 먹고, 나무에 오르고, 굴 밖을 이리저리 돌아다녀. 어미 판다처럼 혼자 지낼 수 있게 된 거야!

너구리게, 판다게?

판다라고 하면 사람들은 보통 대왕판다를 떠올려. 하지만 이름에 판다가 들어간 동물이 또 있어! 바로 레서판다야. 생김새가 너구리와 꼭 닮아서 '너구리판다'라고 불리기도 하지.

레서판다는 중국을 비롯한 아시아의 여러 지역에 살아. 대왕판다처럼 주로 대나무를 먹지만, 식물의 뿌리나 과일, 도토리도 좋아해. 레서판다는 대왕판다와 다르게 다 자라도 덩치가 겨우 고양이만 하지.

레서판다는 귀가 세모나고 몸이 붉은색 털로
덮여 있어. 줄무늬가 있는 북슬북슬한 긴 꼬리도
레서판다만의 특징이야.

판다 지키기 대작전!

판다 용어 풀이

보호 구역: 야생 동물이나 식물이 잘 지내도록 사람이 정해 두고 보호하는 지역.

오늘날 야생에 살고 있는 판다는 1800여 마리밖에 남지 않았어. 사람들이 농장을 만들려고 판다가 사는 숲을 함부로 없앴기 때문이야. 판다들은 살 곳과 먹을 것을 잃고 말았지.

그래서 사람들은 중국 워룽에 판다 자연 **보호 구역**을 만들었어. 지금은 약 150마리의 판다들이 이곳에서 안전하게 지낸대.

0　　　805
킬로미터

중국

ㅁ 워룽 판다 자연 보호 구역

동물원에서 지내는 판다들

동물원에서도 판다를 보호해. 1994년에
중국에서 온 판다 한 쌍이 처음으로
우리나라의 동물원에 도착했어. 이후로
우리나라는 중국과 함께 판다를 보호하기
위한 연구를 해 오고 있지.

Q 판다는 먹다 남은 대나무를 어떻게 할까? | A 깔고 자기도 해.

중국의 워룽 판다 자연 보호 구역은 2005년에 세계 자연 유산이 되었어. 그 후 1년 만에 새끼 판다가 열여섯 마리나 태어났지. 여전히 이곳에서는 많은 새끼 판다가 태어나고 있어.

예전에는 중국의 자연 보호 구역에서도, 동물원에서도 새끼 판다가 거의 태어나지 않았어. 하지만 요즘에는 새끼가 많이 태어나고 있대! 우리나라 동물원에서는 2020년에 처음으로 새끼 판다가 태어났지.

판다 마을에 지진이 났어!

2008년 5월, 중국에 큰 **지진**이 났어.
그런데 지진이 일어난 곳이 하필 워룽 판다
자연 보호 구역 근처였지 뭐야! 땅이 마구
흔들리면서 산에서 자동차만큼 큰 바위가
굴러떨어졌고, 판다가 사는 곳을 덮쳤지.

판다는 보금자리를 잃고 말았어. 하지만 너무
걱정하지는 마. 사람들이 워룽 판다 자연
보호 구역과 비슷한 자연환경에 임시 보호
구역을 세우고 판다를 지켜 냈거든.

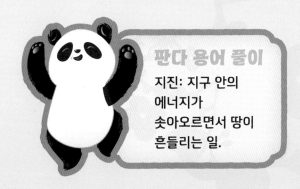

판다 용어 풀이

지진: 지구 안의
에너지가
솟아오르면서 땅이
흔들리는 일.

판타스틱 판다 정보!

먼 옛날 중국의 왕들은 판다를 **반려동물**로 키웠어.

요건 몰랐을걸?

판다는 신나거나 화났을 때 **데굴데굴 굴러**!

판다 **똥**에서는 향긋한 녹차 냄새가 나. 대나무만 먹어서 그런가 봐.

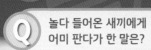
판다는 달리기를 잘 못해.
하지만 **수영**과
나무 타기에는 선수라고!

판다의 똥은 보통 **녹색**이야!
그 녹색 똥을 하루에 무려
20킬로그램 정도 눈대.
뿌직!

판다는 1년에
단 3일 동안만
임신할 수 있어.

판다의 앞발에는 여섯 번째
발가락으로 불리는
가짜 엄지가 있어.
주로 대나무를 쥘 때 쓰지.

여러 가지 판다 이름

백표

하얀 표범

백웅

하얀 곰

맹수

사나운 짐승

화웅

꽃 같은 곰

판다는 약 3000년 전부터 중국의 시와 이야기에서 다양한 이름으로
불렸어. 다음 중 어떤 이름이 판다에게 가장 잘 어울리는 것 같아?

묘웅

고양이 같은 곰

웅묘

곰 같은 고양이

백호

하얀 여우

대웅묘

대왕 곰 고양이

죽웅

대나무 곰

서식지
동물이나 식물이 살아가는 보금자리.

의사소통
가지고 있는 생각이 서로 통하는 것.

이 용어는
꼭 기억해!

영역 표시
동물이 몸 냄새로 흔적을 남겨서
자기 힘이 미치는 공간을 알리는 것.

시력
눈으로 물체를 보는 능력.

0   805
킬로미터

중국

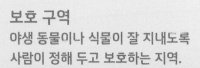

□ 워룽 판다 자연 보호 구역

보호 구역
야생 동물이나 식물이 잘 지내도록
사람이 정해 두고 보호하는 지역.

지진
지구 안의 에너지가 솟아오르면서
땅이 흔들리는 일.